动物小镇的经济学·启迪孩子财商的故事绘本

乌鸦想挣钱

芳飞翼 著　　海润阳光 绘

北京出版集团
北京教育出版社

图书在版编目（CIP）数据

乌鸦想挣钱 / 芳飞翼著 ; 海润阳光绘. -- 北京 : 北京教育出版社，2023.3
（动物小镇的经济学. 启迪孩子财商的故事绘本）
ISBN 978-7-5704-4737-4

Ⅰ. ①乌… Ⅱ. ①芳… ②海… Ⅲ. ①财务管理一儿童读物 Ⅳ. ① TS976.15-49

中国版本图书馆 CIP 数据核字（2022）第 153560 号

乌鸦想挣钱

WUYA XIANG ZHENG QIAN

芳飞翼　著　　海润阳光　绘
责任编辑：张文超　　责任印制：肖莉敏

出　　版　北京出版集团
　　　　　北京教育出版社
地　　址　北京北三环中路 6 号
邮　　编　100120
网　　址　www.bph.com.cn
总 发 行　京版北教文化传媒股份有限公司
经　　销　全国各地书店
印　　刷　天津联城印刷有限公司
版　　次　2023 年 3 月第 1 版
印　　次　2024 年 3 月第 2 次印刷
开　　本　889 毫米 ×1194 毫米　1/16
印　　张　2.125
字　　数　25 千字
书　　号　ISBN 978-7-5704-4737-4
定　　价　25.80 元

序

当今社会，有很多年轻人沦为卡奴、月光族、借贷族，这种现象源于“财商”的缺失，智商和情商再高，缺了“财商”，可能成就越高，摔得越惨。

财商是与智商和情商同样重要的能力。培养一个能够正确看待和使用金钱，拥有理财思维的孩子，能帮助他们为将来拥有幸福的生活打下良好基础。

给孩子讲钱不容易。钱是什么？钱从哪来？为什么可以用它买东西？钱越多越好吗？有钱会让人快乐吗？这一连串的问题，该如何回答？怎么才能让孩子理解呢？《动物小镇的经济学·启迪孩子财商的故事绘本》用生动的语言、灵动的图画，把这些答案融入故事里。

我们知道，讲大道理孩子不爱听，但讲故事却能让孩子听得津津有味。这套绘本包括6个富有哲理的小故事，幽默诙谐，寓教于乐。

咕噜咕噜村和叽叽喳喳村想要交换物品，经过不断地尝试，他们终于找到了好办法。究竟是什么呢？看完《贝壳变成了钱》，可以请孩子来回答，动物们最后是如何解决的。

既然钱可以方便地换到东西，懒惰的乌鸦也想挣钱。一开始它把贝壳种在土里，渴望种出许许多多的钱，乌鸦会成功吗？钱到底从哪儿来呢？《乌鸦想挣钱》这本书可以告诉你答案。

如果钱多了，可以把钱存进银行，那么银行是干什么的呢？读完《野猪先生开银行》，你会知道为什么会有银行，我们为什么愿意把钱存进银行里。

我们要学会挣钱，也要学会花钱。《爱花钱的园丁鸟》这本书里，园丁鸟不停地拿出贝壳花，很快木箱里就只剩一枚贝壳了……这个故事告诉孩子：花钱要合理。

为了学习花钱，猴子还专门报了班。记账是管理零花钱的好办法，打开《猴子的记账本》，看看他是怎么做的。

野猪先生越来越有钱，变成富翁的野猪先生快乐吗？有钱了，我们该怎么办呢？野猪先生找到了答案。如果你也想知道，可以读这本《富翁野猪的烦恼》。

这套绘本用鲜活的形象，充满童趣的语言，风趣好玩的故事真诚地给孩子讲述了关于钱的多方面的知识。内容看似简单，却可能对人的一生产生深远的影响。如何与孩子谈钱，这套绘本一定可以帮到你。

经济学博士，副教授，硕士研究生导师　陈玲为了获得更多的钱——贝壳，咕噜咕噜村和叽叽喳喳村都变成了“忙忙碌碌村”。

因为大家实在太忙了！

没得挑
山羊青草
新鲜上市
别挤！注意秩序，秩序——

除了乌鸦。

为了摆脱“叽叽喳喳村最懒惰居民”的称号，他从叽叽喳喳村搬到了咕噜咕噜村。

把贝壳种到土里，不就可以收获更多的钱嘛！

贝壳很快种好了，剩下的就是等待……

钱可以买到自己喜欢的东西，但是钱不是从天上掉下来的，当然也不是从土里长出来的。

钱是用辛勤劳动换来的，懒惰者自然一无所获。

好饿呀！还得出门想想办法。

捉虫子？
不行不行，太累了！
急聘捉虫工，
捉虫能手，
一经录用，
待遇从优。
请勿过界

照看小鸡崽？

不行不行，太麻烦了！

给蜘蛛染丝线？

不行不行。瞧螳螂的样子，太可笑了！

老猫头鹰脾气火暴，太难伺候了！

乌鸦筋疲力尽，无意中朝下一看——

有啦！

河蚌和贝壳也差不多。

乌鸦捡了一口袋河蚌，去找鹳鸟换鱼干。
嗯嗯嗯嗯——

去找獾换果子。

去找母鸡换鸡蛋。
嘭
骗子，这根本不是海贝!
只有辛勤劳动，才能获得财富。天上不会掉馅饼，没有不劳而获的便宜事。

鹌鹑正向母鸡请教如何能下个大点儿的蛋。
蛋被打碎了，鹌鹑很伤心。乌鸦连忙道歉，而且还出了个主意。
我要是你，就告诉大家，吃鹌鹑蛋可以变得更聪明。
没啥……反正大家都喜欢鸡蛋，不喜欢鹌鹑蛋。

鹌鹑立刻照做了，没想到效果出奇地好。

乌鸦从愁眉苦脸的马身边飞过，也出了个主意。

马听从乌鸦的建议，决定改变职业。

新邻居守
一、不
二、懂得
生活顾问，
使您生活无忧。
收费公道，只需
一个贝壳。
请勿随意
拉鸟屎！

乌鸦又生出一个主意。
聒噪！

第一个找乌鸦出主意的是野猪。

野猪立刻装了两颗假牙，这下，他同时可以加工四个贝壳了。

野猫也来试试运气。

第二天，村里贴满了广告，野猫也获得了意想不到的成功。

邻居老羊也来了。
我家草场的虫子太多了，真叫人头疼呀！
生活顾问，使您生活无忧。收费公道，只需一个贝壳。
我要是你，就免费请鸟儿们吃虫子。
请勿聒噪！

羊非常感谢乌鸦，认为一个好邻居胜过一门亲戚。

乌鸦给了大家许多有用的建议，生意越做越大。

劳动是一切财富的源泉。劳动可以是体力劳动，也可以是脑力劳动，二者都可以创造价值。

当然，他也发财了。

读后感

心心 4岁

▶《贝壳变成了钱》

看了这个故事，我也想有好多贝壳。不过我有好多硬币，装在存钱罐里。我可以用它们换来好多漂亮的贝壳。

▶《乌鸦想挣钱》

这只乌鸦原来很懒，后来它发现贝壳是钱，于是就努力工作。它很聪明，足智多谋，就像《乌鸦喝水》里面的乌鸦一样。它用自己的点子帮助了别人，自己也挣了更多的贝壳。我希望长大以后，也能像这只乌鸦一样聪明，用自己的智慧去帮助大家，也帮自己挣更多的钱！

陈嬿茜 9岁

宋易阳 11岁

▶《野猪先生开银行》

读了《野猪先生开银行》这本书，我知道了银行的来历。有了这些知识，银行对我来说不再神秘。野猪能成为大银行家真是了不起！我在想，野猪将来会不会把银行开到更多的地方呢？

▶《爱花钱的园丁鸟》

乱花钱不是好习惯！花钱要有计划。我特别喜欢布谷鸟村长，它特别有爱心，收留了园丁鸟太太。园丁鸟太太后来也变了。我以后买玩具也要有计划。

笑笑 5岁

李晗宇 6岁

▶《猴子的记账本》

哈，真好玩的故事。我好想有一个小猪存钱罐啊，这样就能把我的零花钱都存起来了。对了，我也要像猴子一样，学会记录，期待年底能用零花钱买我心爱的玩具。

▶《野猪富翁的烦恼》

野猪有钱了，可是它不快乐，帮助别人才能快乐。

南灏尊 4岁

小朋友，读完这几本书，你有什么想法和收获呢？也来说一说，写一写吧！